Hamza Ahmed Pantami

Isolamento e Caracterização de Compostos Anti-Plasmodiais

Hamza Ahmed Pantami

Isolamento e Caracterização de Compostos Anti-Plasmodiais

Imprint
Any brand names and product names mentioned in this book are subject to trademark, brand or patent protection and are trademarks or registered trademarks of their respective holders. The use of brand names, product names, common names, trade names, product descriptions etc. even without a particular marking in this work is in no way to be construed to mean that such names may be regarded as unrestricted in respect of trademark and brand protection legislation and could thus be used by anyone.

Cover image: www.ingimage.com

This book is a translation from the original published under ISBN 978-3-659-83592-6.

Publisher:
Sciencia Scripts
is a trademark of
Dodo Books Indian Ocean Ltd. and OmniScriptum S.R.L publishing group

120 High Road, East Finchley, London, N2 9ED, United Kingdom
Str. Armeneasca 28/1, office 1, Chisinau MD-2012, Republic of Moldova, Europe
Printed at: see last page
ISBN: 978-620-7-79154-5

Índice:

Isolamento e Caracterização de Compostos Anti-Plasmodiais de *Sterculia setigera* Delile

2

DEDICAÇÃO

Dedico este trabalho aos meus pais: o meu pai, Alhaji Ahmadu Pantami (Sarkin Arewan Gombe), a minha mãe, Hajiya A'ishatu Ahmad Pantami, e o meu primeiro filho, Ahmad Hamza Pantami.

RECONHECIMENTO

Todo o louvor e gratidão são devidos apenas a Alá, o Senhor de todas as criaturas. Que a Sua paz eterna, a Sua confiança e as Suas bênçãos estejam com o Seu mais nobre Mensageiro, o Profeta Muhammad (S.A.W), com a sua pura descendência e com aqueles que seguem o caminho certo até ao Dia do Juízo Final.

O meu maior apreço vai para o meu supervisor, Professor Oumar Al-Mubarak Adoum, pela sua pura e excelente orientação e esclarecimento académicos. Os meus sinceros cumprimentos e apreço vão para as seguintes pessoas: Dr. Sulaiman Yusuf Mudi, Dr. Junaidu Na'aliya, Dr. Yakasai, todos do Departamento de Química da Universidade Bayero, Kano, pela sua ajuda com informações úteis. Também manifesto o meu profundo apreço ao Mal. Umar Dorayi, ao Professor M.D Muktar e ao Professor Bala Sidi do Departamento de Ciências Biológicas, BUK, que deram grandes contributos para o êxito deste trabalho.

Não posso esquecer a ajuda e a preocupação do meu irmão Salihu Ahmad Pantami, do Departamento de Ciência do Solo, BUK, e de toda a sua família. Um agradecimento especial à minha mãe Hajiya Aishatu Ahmad Pantami e à minha mulher Habiba Yusuf pelo seu apoio moral, orientação e compreensão durante os meus estudos. Por último, o meu profundo agradecimento a todos os membros da minha família e amigos pela sua ajuda, encorajamento e apoio. Que Alá (S.W.A) os recompense com o melhor que desejarem neste mundo e no outro.

RESUMO

O extrato etanólico foi obtido da casca do caule de *Sterculia setigera* e macerado com éter de petróleo, n-hexano, acetato de etilo, clorofórmio, metanol e água. As fracções foram analisadas em termos de fitoquímicos e de atividade anti-plasmódica. O ensaio com o extrato etanólico de S. *setigera (SS01)* revelou uma elevada atividade promissora contra o *Plasmodium falciparum,* com uma percentagem de eliminação de glóbulos vermelhos parasitados, numa concentração de extrato tão baixa como $10^\wedge$g/ml. Foram isolados três (3) compostos puros de *S. setigera*, com o auxílio de cromatografia em coluna, TLC (placas pré-revestidas), TLC 2D e Prep-TLC; e a visibilidade da separação foi aumentada pela pulverização de Vanilina/H2SO4. O ensaio realizado separadamente em cada composto puro mostrou uma baixa atividade sobre o parasita da malária em comparação com a que foi combinada numa concentração de lOChig/ml devido ao efeito sinérgico do fármaco na terapia. Este trabalho fornece uma base científica para a utilização da *Sterculia setigera* como fonte antimalárica no norte da Nigéria.

CAPÍTULO 1

1.0 INTRODUÇÃO

1.1 Preâmbulo

As plantas medicinais representam uma fonte rica de onde podem ser obtidos agentes antimicrobianos. As plantas são utilizadas medicinalmente em diferentes países e são uma fonte de muitos medicamentos potentes e poderosos (Sirivastave *et al.*, 1969).

Os ingredientes activos de muitos medicamentos obtidos a partir de plantas são metabolitos secundários (Steven, 2008). Nos tempos antigos, a medicina popular era o único meio de curar doenças. A medicina egípcia, escrita em cerca de 1550 a.C., referia muitas plantas (Kamal, 2011). Historicamente, as doses e as instruções estavam na orientação para os remédios à base de plantas. Na China, já em 2700 a.C., eram conhecidos os remédios à base de plantas. Mesmo antes do advento da quimioterapia moderna, a prática da medicina à base de plantas era predominante nos EUA (Kamal, 2011). Hoje em dia, até o mercado americano de suplementos naturais, basicamente de remédios à base de plantas, ascende a dezenas de milhares de milhões de dólares.

A aspirina é um dos fármacos analgésicos mais utilizados no mundo, sendo pioneira neste domínio. Ocorre naturalmente através do metabolismo do precursor Salicina, e é sintetizada em laboratório através da acetilação do ácido salicílico com anidrido acético em condições adequadas (Esquema 1).

$$+ \quad (CH_3CO)_2$$

Salicylic Acid Acetic anhydride Aspirin

Esquema 1. Síntese da Aspirina

A resistência do *P. falciparum* à cloroquina é uma consideração importante no tratamento e prevenção da malária em muitas partes do mundo, incluindo a América do Sul e Central, o Sudeste Asiático, a Índia e o continente africano. Por conseguinte, é essencial utilizar estirpes susceptíveis e resistentes bem caracterizadas do parasita na avaliação de componentes potenciais dos compostos para detetar a resistência cruzada com outros medicamentos antimaláricos padrão (Tolu *et al.*, 2007).

1.2 Compostos anti-plasmodiais

O modo de ação dos compostos anti-plasmodiais presentes em todos os medicamentos antimaláricos consiste em inibir as enzimas hemopolimerase (parasita da malária), levando à acumulação de hemo tóxica e, consequentemente, envenenando o parasita com menor efeito no doente hospedeiro (Trager, 1982).

1.3 Importância da investigação

A malária é uma doença infecciosa transmitida por um parasita protozoário do género *Plasmodium*. A doença está amplamente distribuída nas regiões tropicais e subtropicais

África e sudoeste da Ásia. As espécies capazes de infetar o ser humano são apenas quatro: *Plasmodium falciparum, Plasmodium ovale, Plasmodium vivax e Plasmodium malariae* (Kubmarawa *et al.*, 2007). Neste trabalho, apenas o *Plasmodium falciparum* é utilizado no bioensaio antimalárico dos extractos da(s) amostra(s). *O P. falciparum* é responsável por mais de 50% de todos os ataques de malária, em vez dos 23% anteriormente registados. (OMS, 2004).

O interesse na investigação científica desta planta medicinal local e comum da Nigéria baseia-se na utilização popular desta planta para combater muitas doenças, incluindo a febre da malária. Por conseguinte, espera-se que a investigação sobre os efeitos desta planta medicinal local aumente a utilização da planta contra a febre da malária. No entanto, a maioria das plantas utilizadas na medicina popular não foi adequadamente estudada (Kapoor *et al.*, 1969). Por conseguinte, é necessário investigar as plantas medicinais locais promissoras que existem à nossa volta, basicamente utilizadas como alimento, para contrariar a ameaça imposta pelo *P. falciparum* geneticamente específico do mesmo ambiente que nos rodeia.

1.3 Finalidades e objectivos

O trabalho de investigação tem como objetivo analisar as várias fracções vegetais da casca do caule de *Sterculia setigera* para análise fitoquímica e atividade anti-plasmódica em concentrações variáveis.

O objetivo do trabalho é isolar e caraterizar os compostos bioactivos das fracções obtidas através das técnicas cromatográficas utilizadas nesta investigação.

CAPÍTULO 2

2.1 REVISÃO DA LITERATURA

2.2 A planta-alvo

2.2.1 *Sterculia setigera* Delile;

A Sterculia setigera Del. (*Sterculiaceae*) é conhecida em Hausa como "Kukuki"; em Nupe- "Kokongiga"; em Fulfulde- "Boboli"; em Kanuri- "Sugubo"; Yoruba- "Ose-awere" ou "Eso funfun"; em Etulo- "Idafu"; em Idoma- "Ompla" ou "Upula"; em Igede- "Upuru"; em Igala- "Ufia"; e em Tiv- "Kume-ndul" ou "Kumenduur" (Sunday, 2011). É muito comum nas zonas de savana da África tropical. As sementes têm um arilo amarelo e a árvore encontra-se em florestas de savana abertas, muitas vezes caracterizadas por colinas pedregosas (Sofowora, 1984).

Utilizações etno-médicas

Esta planta é utilizada na medicina tradicional por várias comunidades indígenas. Por exemplo, os Yorubas da Nigéria usam um sabão preto preparado a partir de pó preto obtido da mistura queimada dos frutos e sementes para dermatose. No Sudão, o extrato de água quente da casca seca é utilizado para a iterícia e a casca seca do caule para tratar feridas. A decocção da casca do caule é usada para tratar a diarreia pelos Igedes, a sua casca como uma mistura é macerada e usada contra a disenteria por algumas tribos na Nigéria central (Oluwadara *et al.*, 2008).

2.3 Malária

A malária é uma doença infecciosa causada por um parasita protozoário do género *Plasmodium*. A doença está amplamente distribuída na África tropical e subtropical e no sudoeste da Ásia. As espécies capazes de infetar o ser humano incluem apenas quatro: *Plasmodium falciparum, Plasmodium ovale, Plasmodium vivax e Plasmodium malariae* (Kubmarawa *et al.*, 2007). Neste trabalho, apenas o *Plasmodium falciparum* é utilizado no bioensaio antimalárico dos extractos da(s) amostra(s). A resistência aos medicamentos antimaláricos aumentou o custo global do controlo da doença. O insucesso terapêutico obriga a uma consulta numa unidade de saúde para diagnóstico e tratamento adicionais, o que resulta na perda de dias de trabalho para os adultos e na ausência da escola para as crianças (Abuja Malaria Summit, 2000).

2.3.1 Medicamento anti-malária

O mecanismo de ação dos medicamentos antipalúdicos consiste em inibir as enzimas da hemopolimerase (parasita da malária), o que leva à acumulação de hemácias tóxicas e, consequentemente, ao envenenamento do parasita com menor efeito no doente hospedeiro (Kamaluddeen, 2011). Os seguintes medicamentos são utilizados na terapia da malária: Cloroquina, Primaquina, Quinina, Artemisinina, Mefloquina (Africa Union Memoir, 2005).

1.

Cloroquina
A **cloroquina** pertence ao grupo dos compostos 4-amino-quinolina. O seu local bioativo actua nos glóbulos vermelhos para assegurar a erradicação completa de todos os estados do parasita da malária (Kamaluddeen, 2011).

2. Primaquina
A **primaquina** pertence ao grupo dos compostos de 8-amino-quinolina. Actua particularmente de forma radical na fase exoeritrocítica inicial do parasita da malária no fígado e nos gametócitos (Kamaluddeen, 2011).

3. Quinina

O quinino é o mais antigo medicamento anti-malária utilizado, sintetizado a partir da árvore Cinchona americana no Peru. Embora tenha sido substituída por compostos mais activos e menos tóxicos de derivados de quinolina, continua a ser utilizada para curar casos complicados de infeção por *Plasmodium falciparum* (Kamaluddeen, 2011).

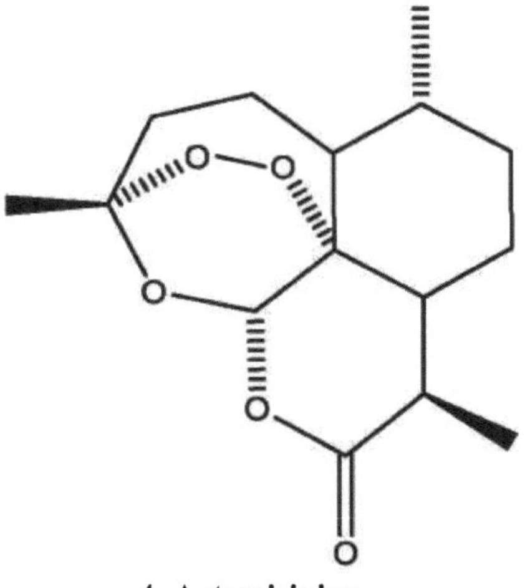

4. Artemisinina

A terapia com **artemisinina** e derivados resulta na conversão do fármaco em di-hidroartemisinina metabolizada ativa que inibe o laicium do retículo endoplasmático na fase codificada por *P. falciparum* (Kamaluddeen, 2011).

5. Mefloquina

A mefloquina está quimicamente relacionada com a quinina, desenvolvida especificamente para a infeção por *P. falciparum* multirresistente, geralmente em combinação com a artemisinina (Odunfa *et al.,* 1981).

2.3.2 Parasita da malária

O parasita da malária, *Plasmodium falciparum*, devido à sua diversidade genética, tem demonstrado uma capacidade quase estranha de escapar às condições desfavoráveis impostas pela terapia medicamentosa. Os genótipos resistentes escapam ilesos e transmitem a sua resistência à descendência à medida que os organismos sensíveis morrem. Assim, até à data, a grande maioria das terapias antimaláricas amplamente utilizadas perderam a sua utilidade ao longo do tempo (Government in Action, 2005).

É necessário investigar as promissoras plantas medicinais locais que nos rodeiam, basicamente utilizadas como alimento, para combater a ameaça imposta pelo *P. falciparum* geneticamente específico do mesmo ambiente que nos rodeia.

2.3.3 Resistência aos medicamentos antimaláricos

A resistência do *Plasmodium falciparum* à cloroquina surgiu quase simultaneamente na Colômbia e na fronteira entre a Tailândia e o Camboja. Na Ásia, a resistência à cloroquina esteve inicialmente confinada à península da Indochina até à década de 1970, altura em que se propagou para oeste e para as ilhas vizinhas a sul e a leste (Devo *et al.,* 1985). O aparecimento da resistência à cloroquina em África ocorreu muito mais tarde e demorou uma década a atravessar o continente. Atualmente, apenas os países da América Central a norte do Canal do Panamá e na ilha de Hispaniola não têm documentada malária por *P. falciparum* resistente à cloroquina. Apesar da resistência cruzada entre a cloroquina e a amodiaquina, a amodiaquina continua a ser mais eficaz do que a cloroquina em zonas de resistência à cloroquina (Igoli *et al.*, 2005). No entanto, a amodiaquina pode perder rapidamente a sua eficácia se for utilizada intensivamente em zonas em que a resistência à cloroquina é generalizada ou muito elevada. A combinação sulfadoxina-pirimetamina foi utilizada como substituto da cloroquina na maioria dos países. No início da década de 1980, porém, esse tratamento tornou-se quase totalmente ineficaz na Tailândia e nos países vizinhos, e a resistência ao tratamento espalhou-se rapidamente na América do Sul (Snow *et al.*, 2005). Em 1993,

O Malawi foi o primeiro país da África Oriental a mudar da cloroquina para a combinação sulfadoxina-pirimetamina como medicamento de primeira linha, e outros países africanos seguiram este exemplo no final da década de 1990 (OMS, 2000). No entanto, devido à utilização extensiva da combinação, a resistência também se propagou na África Oriental. A resistência à mefloquina encontra-se sobretudo no Camboja, Myanmar, Tailândia e Vietname. Foram notificados casos esporádicos de insucesso profilático da mefloquina em viajantes e de insucesso terapêutico em África, noutros países asiáticos e na América do Sul. Vários estudos de várias fontes comunicaram uma diminuição da sensibilidade *in vitro,* e estudos *in vitro*: realizados na África Ocidental mostraram a existência de estirpes com sensibilidade diminuída à mefloquina mesmo antes da sua introdução na região para uso terapêutico. A resistência ao quinino é frequentemente sobrestimada, uma vez que a dose de 24mg/kg durante 7 dias raramente é respeitada e o limiar de resistência não foi claramente definido (Mohammed *et al.*, 1994).

Até à data, não foi registada qualquer resistência à artemisinina ou aos derivados da artemisinina, embora tenha sido registada alguma diminuição da sensibilidade na China e no Vietname (Mukhtar *et al.*, 2006)

2.3.4 Efeitos da resistência

Estudos realizados na África Oriental sugerem que um tratamento ineficaz provoca anemia, o que torna a saúde das crianças mais frágil (Joe *et al.*, 2003). Na África Central, o aparecimento de resistência à cloroquina levou a um aumento dos internamentos hospitalares devido a ataques graves de paludismo. Do mesmo modo, foram encontradas tendências de aumento da mortalidade a nível comunitário no Senegal (Ouedraogo *et al.*, 2013). O impacto da resistência aos medicamentos também pode ser ilustrado pelas alterações na proporção de *P. falciparum* em relação a outras espécies de parasitas da malária. Por exemplo, na Índia, desde o advento da resistência aos medicamentos, *o P. falciparum* é responsável por mais de 50% de todos os ataques de malária, em vez dos 23% anteriormente registados. (OMS, 2004).

2.3.5 Levantamento etnobotânico de plantas medicinais anti-maláricas entre o povo Tiv da Nigéria.

Foi efectuado um inquérito etnobotânico sobre os medicamentos à base de plantas utilizados para o tratamento da febre da malária na tribo Tiv da Nigéria Central, utilizando um questionário e entrevistas orais a herboristas praticantes e patronos (Tor-anyin *et al.*, 2003). Os resultados indicaram que 24 espécies de plantas pertencentes a dezassete famílias foram incluídas em receitas populares de antimaláricos. As investigações sobre a(s) parte(s) da planta utilizada(s) e o modo de preparação e administração indicaram que, independentemente da planta e da(s) parte(s) ou combinações utilizadas, a água era o principal meio para todas as preparações medicinais à base de plantas. Os regimes de tratamento geralmente incluíam beber as preparações aquosas durante cinco a dez dias ou até os sintomas desaparecerem, embora a eficácia antipalúdica das receitas descritas pelos inquiridos não seja conhecida com certeza (Tor-anyin *et al.*, 2003).

O resumo dos espectros de atividade antimicrobiana de alguns medicamentos em circulação, a maioria dos quais sintetizados a partir de várias plantas medicinais, é apresentado na Figura 1.

	Escherichia	Proteus	Salmodia Shigeila	Pseudomonas	Mima, Hereliea Mora Xefla	Pastarella, Brucella Borde ttella	Staphylococcus	Streptococcus	Diplococo	Bucillus	Bactéria Coryne Listeria	Glostridium
Ampicilina ®		+	+		+	+		+	+	+	+	+
Chioramphemicol	+	+	+	+	+	+	+	+	+	+	+	+
Colistina ®	+	+	+	+	+	+						
Eritromicina ®							+	+	+	+	+	+
Gentamicina ®	+	+	+	+	+	+	+	+	+			
Canamicina ®	+	+	+		+	+	+		+		+	
Lincomicina							+					
Meticilina ®	+	+	+	+	+	+	+	+	+		+	+
Neomicina (10cal) ®	+	+	+	+	+	+	+	+	+			+
Nitrofurano (urina)	+	+	+	+	+	+	+	+	+		+	

Novobiocina ®	+	+			+	+	+	+	+		+	
Penicilina			+			+	+	+	+	+	+	+
Polimixina B	+		+	+		+						
Estreptomicina ®	+	+	+	+	+	+		+	+	+	+	
Tetraciclina ®	+	+	+	+	+	+	+	+			+	+

Figura 1. Espectros de atividade antimicrobiana

<u>Chave</u>

+ = Resposta

□ = Resistência

2.3.6 Efeito sinérgico de componentes de medicamentos na terapia da malária

O efeito sinérgico de alguns componentes de medicamentos na terapia da malária é um instrumento fundamental para o êxito da investigação antipalúdica. Isto é evidentemente verdade porque, num bioensaio antimalárico, a atividade da artemisinina de *Artemisia annua* (Furniss *et al.*, 1989) com uma dose recomendada de 200 mg/dia para um adulto foi reforçada pela presença dos flavonóides artemetina e casticina (Furniss *et al.*, 1989); a atividade antibacteriana da berberina (Furniss *et al*, 1989) de *Berberis freemontii* contra uma estirpe resistente de *Staphylococcus aureus* foi potenciada pela adição de dois outros constituintes da planta, o flavolignano 5'-metoxi-hidrocarpina e feoforbida-a (Furniss *et al.*, 1989): que não eram bioactivos quando testados isoladamente (OMS, 2004).

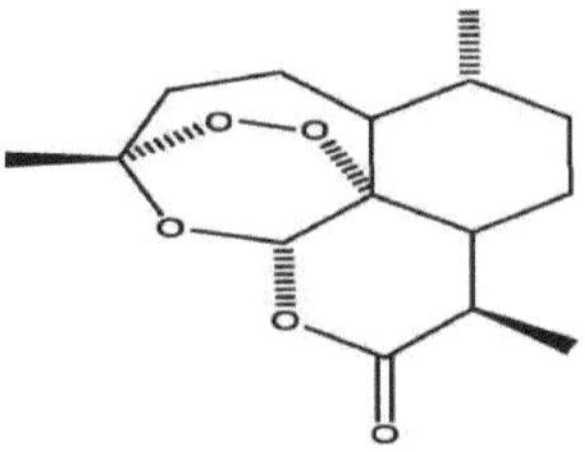

1. **Artemisinina**

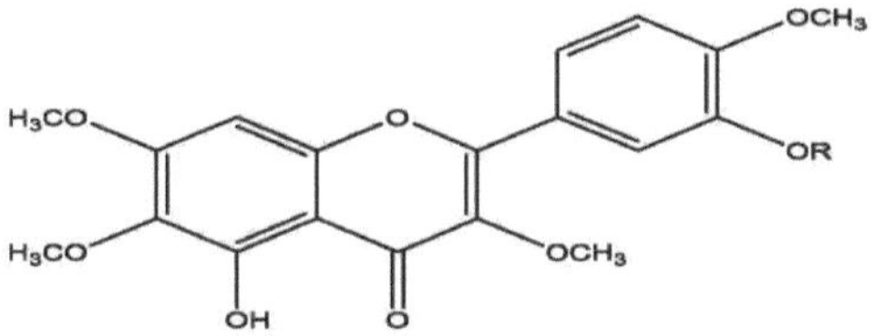

R=CH3;Casticin-R=H

2;3. artemetina-

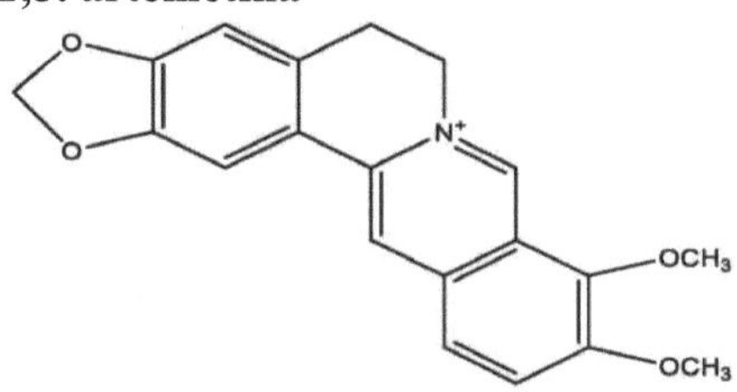

4. Berberina

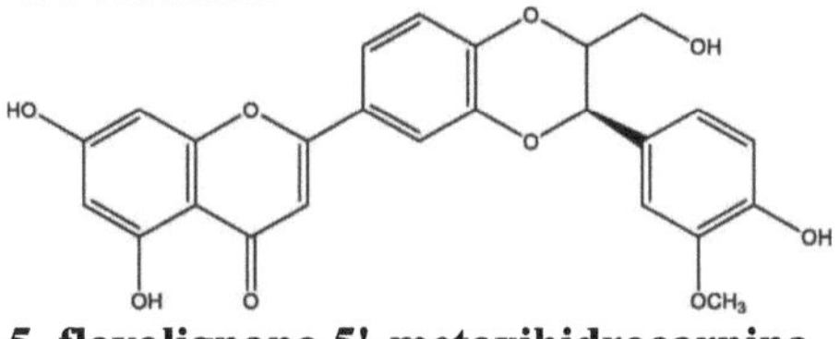

5. flavolignano 5'-metoxihidrocarpina

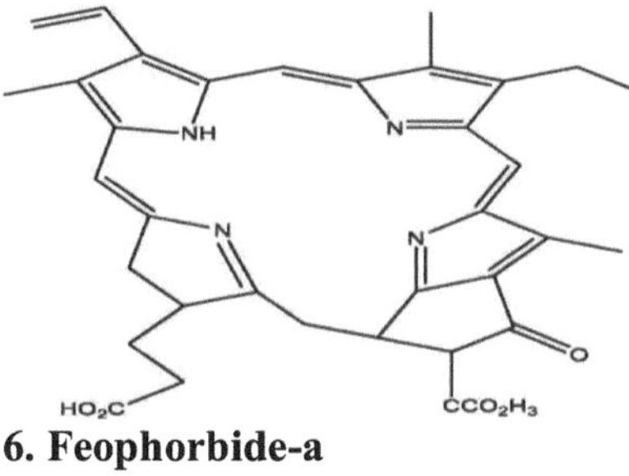

6. Feophorbide-a

3.1 MATERIAIS E MÉTODOS

3.1 Procedimento geral

Os solventes, produtos químicos e reagentes utilizados neste trabalho de investigação incluem

de; etanol (Aldrich), éter de petróleo (Aldrich), clorofórmio (Aldrich), acetato de etilo (Aldrich), metanol (BDH), iodeto de potássio, cloreto férrico, ácido clorídrico, hidróxido de sódio e hidróxido de potássio.

Os aparelhos utilizados incluem: balão de fundo redondo, balão cónico, copo, tubo de ensaio, proveta, balança, coluna cromatográfica, espátula, etc.

Espectrómetro *Inova* 400 NMR com uma frequência de[1] H de 400 MHz e uma frequência de[13] C de 100 MHz. Foi utilizado o espetrómetro Varian VNMRS 300 NMR com uma frequência de[1] H de 300 MHz e uma frequência de[13] C de 75 MHz. Foi utilizada uma sonda de banda larga de 5 mm de canal duplo para recolher os espectros.

U

Os espectros[1] H e[13] C foram referenciados aos picos de solventes residuais. Clorofórmio a 7,26 ppm para os espectros[1] H e 77,16 para os espectros[13] C. Para o DMSO foi utilizado o valor de 2,5ppm para os espectros[1] H e 39,52ppm para os espectros[13] C. O metanol foi referenciado a 3,31ppm nos espectros[1] H e para os espectros[13] C a 49,0ppm. As placas pré-revestidas de TLC foram visualizadas sob luz ultravioleta (a 254nm e 365nm) e iodo.

Sangue humano infetado As amostras de sangue humano contendo *eritrócitos* com *parasitemia* foram colhidas no Murtala Ramat Mohammed Specialist Hospital, Kano, em frascos de plástico descartáveis revestidos com K3-EDTA, firmemente equipados com rolhas de plástico e transportados para o Departamento de Ciências Biológicas da Universidade Bayero, Kano.

3.2 Recolha de amostras de plantas

A casca fresca do caule de *Sterculia setigera* foi recolhida na zona de Bomala do

Estado de Gombe em junho de 2011. Os materiais vegetais foram autenticados pelo Prof. Bala Sidi do Departamento de Ciências Biológicas, Universidade Bayero, Kano. As amostras de plantas foram secas ao ar e esmagadas em pó fino.

3.3 Extração de material vegetal

A amostra em pó, 200 gramas, foi percolada em 700 ml de etanol durante duas semanas em frascos de vidro. O peso da amostra concentrada foi registado depois de o solvente ter sido evaporado com a ajuda de um evaporador rotativo a 40^0 C (Odunfa *et al.*, 1998).

3.4 Maceração do extrato bruto

O extrato bruto (etanol) foi macerado com éter de petróleo, n-hexano, acetato de etilo, clorofórmio, metanol e água como demonstrado por Tor-anyin *et al.*, (2003).

3.5 Preparação de reagentes para o rastreio fitoquímico

NaOH 1M4g de ------------pastilhas sólidas de NaOH foram dissolvidas em $1000cm^3$ água destilada

5% FeCl3 -------------------5g de FeCl3 em pó foram dissolvidos em $1000cm^3$ destilados
água

1% HCl ---------------------$1cm^3$ HCl foi dissolvido em $99cm^3$ água destilada

Dissolver no reagente de Meyers 1 ,2 g de iodo e 2 g de iodeto de potássio em $100cm^3$ água destilada

Etanoato a 10% Dissolveram-se 10 g de $Pb(OAc)_2$ em 100 cm^3 água destilada

10% NH_3(aq) ----------------$10cm^3$ Conc. O NH3 foi dissolvido em $90cm^3$ destilado água.

Reagente de Dragendnoff Solução-mãe:

(a) 0,85 g de nitrato de bismuto básico + 10 cm^3 de ácido acético glacial e 40 cm^3 $_{H2O}$ sob aquecimento.

Solução b): 8 g de iodeto de potássio foram dissolvidos em 30 cm de água^3 .

Solução-mãe: (a) + (b) foram misturados 1:1 (Smirth *et al.*, 1978)

3.6   Rastreio fitoquímico

Cada fração, 2 cm^3 obtida da maceração, foi dissolvida nos reagentes preparados e utilizada para avaliar a presença de metabolitos secundários, sendo os resultados registados (Sofowora *et al.*, 1984)

3.6.1 Pesquisa de alcalóides

Duas a três gotas dos reagentes de Mayer e de Dragendnoff foram adicionadas separadamente a 2 cm^3 de cada fração. O aparecimento de um precipitado vermelho alaranjado com este último reagente e de um precipitado branco com o primeiro permite inferir a presença de alcalóides (Tor-anyin *et al.*, 2003).

3.6.2 Pesquisa de flavonóides

Cada fração (2g) foi dissolvida em metanol a 50% e aquecida. Adicionou-se à solução magnésio metálico (2 g) e HCl concentrado (5-6 gotas). O aparecimento de um precipitado vermelho indica a presença de flavonóides (Toranyin *et al.*, 2003).

3.6.3 Teste para esteróides

Foi adicionado clorofórmio (3 cm^3) a cada extrato (2 ml), seguido da adição de anidrido acético e HCl, gota a gota. O aparecimento de um precipitado vermelho na solução indica a presença de esteróides (Tor-anyin *et al.*, 2003).

3.6.4 Teste para saponinas

A cada extrato (2g), foram adicionados 10cm^3 de água destilada e agitados vigorosamente. Uma espuma persistente que dura cerca de 10 minutos indica a presença de saponina (Tor-anyin *et al.*, 2003).

3.6.5 Teste de taninos

O extrato (2cm^3) foi diluído com água destilada e adicionou-se cloreto férrico a 5%, gota a gota. Uma coloração verde-preta indica a presença de tanino (Tor-anyin *et al.*, 2003).

3.6.6 Teste de resinas

O extrato (2g) foi dissolvido em 10ml de anidrido acético e concentrado com ácido sulfúrico gota a gota. Uma mudança rápida na coloração púrpura indica a presença de resina (Tor-anyin *et al.*, 2003).

3.6.7 Teste de açúcares redutores

A cada extrato ($2cm^3$) foram adicionadas gotas de água destilada, seguidas da adição da solução de Fehling (A+B) e aquecidas. O aparecimento de um precipitado vermelho-tijolo indica a presença de açúcar redutor (Tor-anyin *et al.*, 2003).

3.7 Bioensaio do extrato contra a malária

3.7.1 Preparação da solução de ensaio

Foi preparada uma solução-mãe (10^6g/ml) dissolvendo o extrato (1g) obtido de *S. setigera* em dimetilsulfóxido, DMSO (1ml). Foi preparada uma sub-solução de reserva (10^4g/ml) adicionando $0,1cm^3$ da solução de reserva a 0,9ml de DMSO. As seguintes concentrações; 1000^g/ml, 100^g/ml e 10^g/ml foram diluídas em série (Kudi *et al.*, 1999).

3.7.2 Fonte do parasita da malária para o ensaio

Amostras de sangue humano infetado contendo *eritrócitos* com *parasitemia* foram colhidas no Murtala Ramat Mohammed Specialist Hospital, em Kano, em frascos de plástico descartáveis revestidos com K3-EDTA e bem fechados com rolhas de plástico (World Malaria Report, 2005).

3.7.3 Determinação de *Plasmodium falciparum* utilizando o método do esfregaço fino.

Colocou-se uma pequena gota de amostra de sangue no centro de uma lâmina de vidro limpa e cobriu-se com uma lamela a 45° C e puxou-se para trás para estabelecer contacto. Foram formados esfregaços movendo a lamela para a frente na lâmina de vidro e imersos em metanol numa placa de Petri durante 15 minutos (Almagboul *et al.*, 1988). Deixou-se cair a coloração de Geimsa em cada esfregaço durante 10 minutos, secou-se e observou-se microscopicamente com uma objetiva de alta potência (x 100) utilizando imersão em óleo, após o que se determinou uma contagem inicial média de 46 a partir de 3 contagens diferentes (Hanne *et. al.,* 2002).

3.7.4 Separação dos eritrócitos (5% Parasitemia) de amostras de soro sanguíneo

Foi adicionada uma solução de dextrose a 50% (0,5 cm^3) a 5 ml de amostra de sangue desfibrinado e centrifugada a 2500 rotações/minuto durante 15 minutos utilizando a máquina de centrifugação Spectral Merlin. As camadas sobrenadantes foram separadas dos sedimentos. Estes últimos foram diluídos com solução salina normal, como demonstrado por Dacie (1968), e novamente centrifugados a 2500 rotações por minuto durante dez minutos.

3.7.5 Preparação do meio de cultura de *Plasmodium falciparum*: RPM 1640

Foram combinadas várias concentrações dos seguintes reagentes/soluções para formar o meio de cultura;

KCl: 5.37mM, NaCl:10.27mM, $MgSO_4$: 0.4mM, $NaHPO_4$: 17.73mM, $Ca(NO_3)_2$: 0.42mM, $NaHCO_3$: 2.5mM, $C_6H_{12}O_6$: 1.0mM. Os meios foram esterilizados com sulfato de gentamicina 40^g/ml (Devo *et. al.,* 1985).

3.7.6 Bioensaio *in vitro* em cultura de *Plasmodium falciparum*

Cada amostra de planta (0,1cm^3) foi misturada com 0,2cm^3 do meio de cultura num tubo contendo 0,1cm^3 de *eritrócitos Parasitaemia* a 5% e a % de eliminação foi determinada microscopicamente após um período de incubação de 48 horas a 37^0 C numa campânula (5% de gás O_2, 93% de gás NO2) utilizando a fórmula abaixo (Trager, *1982).*

$$\%elimination = \frac{N}{Nx} *\ 100\%$$

Onde;
N = Número total de glóbulos vermelhos da Parasitemia eliminados = contagem final.

Nx= Parasitemia eritrócitos = 46.

3.8 Cromatografia em coluna do extrato bruto de *S. setigera*

O extrato (20 g) (SS-01) foi cuidadosamente misturado com gel de sílica até se obter um pó não pegajoso. 500 gramas de gel de sílica de malha fluka Aldrich foram desengordurados com n-hexano e clorofórmio numa proporção de 1:1. A coluna foi utilizada para a eluição de sistemas de solventes de polaridades variáveis, como indicado: n-hexano (100%), n-hexano/clorofórmio (1:1), clorofórmio (100%), clorofórmio/acetato de etilo (1:1), acetato de etilo (100%), acetato de etilo/metanol (1:1), metanol (100%).

Várias quantidades de solventes foram eluídas e recolhidas em fracções de cerca de 50 ml por frasco de amostra, evaporadas até à secura à temperatura ambiente e o peso de cada fração foi determinado separadamente. A análise TLC foi realizada em cada fração e o ensaio do parasita da malária em algumas fracções seleccionadas.

Foi recolhida uma série de 63 eluições em sucessão relativamente aos sistemas de solventes em curso, com polaridade crescente. Estas eluições SS01-SS63 foram submetidas à técnica de TLC para obter compostos pré-puros que foram posteriormente agrupados em fracções e purificados utilizando microcoluna, TLC de preparação, TLC 2D e spray de vanilina/H2SO4, o que ajudou à visibilidade da separação.

O sistema de solventes foi mantido durante toda a análise cromatográfica com variação de polaridade em relação à análise TLC. O resultado da micro coluna reduz o número de eluições para uma gama de SS1-SS13 e algumas fracções foram testadas contra o parasita da malária com o mesmo procedimento realizado com extractos brutos.

As fracções combinadas com base na pureza foram analisadas através da utilização de placas de TLC pré-revestidas de plástico com alteração da polaridade do solvente na repetição de cada eluato e através da realização de 2D-TLC. A pureza de todos os eluatos foi confirmada e marcada como SS 1-01 a SS 1-13, e algumas fracções foram depois testadas contra o parasita da malária (SS 1-07, SS 1-09 e SS 1-11) com base na sua elevada pureza, abundância e aspeto.

3.9 Bioensaio *in-vitro* de SS 1-01 a SS 1-13 em culturas de *Plasmodium falciparum*

Cada fração (0,1cm^3) foi misturada com 0,2cm^3 do meio de cultura num tubo contendo 0,1cm³ de *eritrócitos Parasitaemia* 5% e a % de eliminação foi determinada microscopicamente após um período de incubação de 48 horas a 37⁰ C numa campânula (5% de gás o2, 93% de gás NO2).

3.10 Análise Espectral

A análise espectroscópica por Ressonância Magnética Nuclear (RMN) e Infravermelho por Transformação de Fourier (FTIR) foi efectuada nas amostras SS 1-07, SS 1-09, SS 1-11 e os dados espectrais obtidos foram interpretados e as estruturas propostas elucidadas. Os dados obtidos foram registados e algumas propriedades físicas foram as seguintes

Os compostos SS 1-07 (0,8g), SS 1-09 (0,4g) e SS 1-11 (0,4g) foram obtidos como cristais brancos, amarelos e verde-claros, respetivamente.

CAPÍTULO 4

4.1 RESULTADOS E DEBATES

4.1 Extração de material vegetal

A amostra de pó da casca do caule de *Sterculia setigera*, seca ao ar e moída, foi percolada com etanol (quadro 1). Estes extractos brutos foram depois concentrados e macerados com n-hexano, clorofórmio, acetato de etilo, metanol e água (esquema 1 e quadros 1).

Esquema 1. Resumo esquemático do processo de fracionamento do crude.

Amostra	Planta	Código/Tag	Volume
Casca do caule	*Sterculia setigera*	SS 01	400

Quadro 1 Algumas características dos extractos brutos concentrados de *Sterculia setigera*

Conc. Extrato	Cor	Textura	Massa (em g)
SS 01	Castanho avermelhado	Gomas	50.80

Quadro 2 Pesos de várias fracções maceradas de *Sterculia setigera*.

Fracções	Coloração	Peso
A + Metanol	Castanho avermelhado	4.50
A + CHCl3	Castanho escuro	2.50
A + Acetato de etilo	Castanho-amarelado	3.00
A + n-C6H12	Castanho	1.00
A + Pet-Ether	Castanho-amarelado	0.80
A + H2O	Castanho claro	3.68

4.2 Rastreio da atividade biológica e fitoquímica de extractos de plantas

As fracções maceradas da casca do caule de *Sterculia setigera* foram analisadas quanto a fitoquímicos (Quadros 5), mostrando a distribuição de metabolitos secundários, e a atividade biológica do extrato bruto determinada é apresentada no Quadro 10.

Quadro 3. Análise fitoquímica da casca do caule de *Sterculia* setigera.

Fração	Taninos	Reduzir os açúcares	Glicosídeo	Flavonóides	Esteróides	Saponinas	Alcalóides
Etanol	+	-	-	+	+	-	+
Metanol	+	-	+	+	+	-	-
Acetato de etilo	-	+	-	+	+	-	-
n-hexano	+	+	-	-	+	-	+
Éter de petróleo	-	-	-	+	+	-	-
Clorofórmio	+	-	+	-	+	-	-
Solução aquosa	-	-	-	+	-	-	+

4.3 Cromatografia em coluna de *Sterculia setigera*.

As fracções combinadas resultantes da microcoluna (Tabela 11) reduzem o número de eluições fraccionais de 60 para 13 e algumas fracções foram testadas contra o parasita da malária. As fracções combinadas com base na pureza foram analisadas por 2D-TLC. A pureza de todos os eluatos foi confirmada e marcada com SS 1-

01 a SS 1-13 (Quadro 11) e três fracções (SS 1-07, SS 1-09 e SS 1-11) foram depois testadas (Quadro 12) contra o parasita da malária com base no padrão TLC, na elevada pureza e no aspeto.

Quadro 4. Pesos das fracções combinadas da cromatografia em coluna da casca do caule de _Sterculia setigera_.

Sistema de solventes	Pooled ou fração única	Código agrupado	Massa em gramas
n-hexano:CHCL3	8	SS 1-01	0.3
2:1	9	SS 1-02	0.7
2:2	11-12	SS 1-03	0.57
2:3	13	SS 1-04	0.8
2:4	14-20	SS 1-05	1.9
CHCL$_3$:Et(OAc)	21-24	SS 1-06	0.9
1:2	25-28	SS 1-07	0.8

1:3	29-32	SS 1-08	1.3
Et(OAc) 100%	33-34	SS 1-09	0.4
CHCL3: Et(OAc) 1:1	35	SS 1-10	0.1
1:2	36	SS 1-11	0.4
1:3	37-40	SS 1-12	0.7
1:4	41-42	SS 1-13	0.5

Quadro 5. Fracções da cromatografia em microcoluna da casca do caule de *Sterculia setigera*.

Sistema de solventes 250ml.	Código da fração (agrupada)	Aparência	Massa em gramas
n-hexano:CHCL3	SS 1	Amarelo	0.4
2:1	SS 2	-	0.6
2:2	SS 3	-	0.91
2:3	SS 4	-	0.95
2:4	SS 5	-	0.3
2:5	SS 6	-	0.2
CHCL3 100%	SS 7	-	0.2
CHCL3:Et(OAc) 1:1	SS 8	-	0.3

1:2	SS 9	-	0.7
1:3	SS 10	-	0.98
Et(OAc) 100%	SS 11	Ligeiro	0.4
		Verde	
Et(OAc): CHCL3 1:1	SS 12	-	0.2
1:2	SS 13	-	0.84

Quadro 6. Resultados da atividade anti-plasmódica do extrato bruto da casca do caule de *Sterculia setigera*.

Fábrica de petróleo bruto Extrato	Concentrações (g/ml)	N.º médio de parasitas por campo Antes da incubação	Média global N.º de Parasitas Após 48 horas	Percentagem de eliminação no final da incubação
Controlo		46	46	0%
Sterculia	1000	46	12	73.9%
Setigera	100	46	28	31.9%
	10	46	43	6.5%

De acordo com os resultados acima referidos do bioensaio, *a Sterculia setigera* mostrou uma atividade elevada contra o *Plasmodium falciparum* (quadro 10) e, por essa razão, foi recomendada como altamente ativa.

Quadro 7. Atividade antimalárica dos compostos puros (activos) obtidos da análise cromatográfica da casca do caule de *Sterculia setigera*.

Composto puro	Percentagem de eliminação do parasita da malária a 1000(10^3)⋏g/ml
SS 1-07	64.55%
SS 1-09	38.64%
SS 1-11	49.90%
Combinado	Percentagem de eliminação do parasita da malária em
SS1-07+ SS1-	100(102)gg/mi
09+SS1-11	70.88%

Tendo em conta a percentagem de eliminação a baixas concentrações do extrato bruto de *S. setigera* e dos compostos puros isolados, *a Sterculia setigera* pode ser comparada com o medicamento antimalárico quinino, uma vez que a dosagem de 24mg/kg de quinino durante 7 dias raramente é ativa (página 11).

4.4   Espectral dos compostos SS 1-07, SS 1-09, SS 1-11

O[1] HNMR do composto SS 1-07 (apêndice II) mostrou sinais característicos devido à influência da nuvem de electrões deslocalizados, uma evidência da presença de um sistema de anel aromático substituído com hidroxilo, e isto é apoiado pelos sinais de 13CNMR que apareceram na gama de C127.4 a C196.8 (Tabela 13). As regiões[13] CNMR (CDCi3 , 100.57MHz) (ppm); C157.4, C163.8 e C164.9 também mostraram a presença de grupos hidroxilo ligados a um anel aromático em CC5, CC7 e CC13. O espetro de IV mostrou uma banda de absorção a 1690,83cm^{-1} , uma evidência de um estiramento de carbonilo dentro de um sistema de anel.

Tabela.8[13] Dados de CNMR (CDCl3, 100,57MHZ) (ppm) para o composto SS 1-07.

Carbono	CC
C-1	196.8
C-2	102.8
C-3	163.6
C-4	94.6
C-5	164.9
C-6	95.1
C-7	163.8
C-8	43.0
C-9	82.5
C-10	130.9
C-11	127.4
C-12	116.1
C-13	157.4
C-14	116.1
C-15	127.4

Os sinais de[1] HNMR do composto SS 1-09 (apêndice VI) revelaram a presença de um sistema de anel aromático não substituído. A região[13] CNMR (DMSO, 75.38MHz) (ppm); 6121.3 mostrou uma ligação olefínica ligada a um estiramento de carbonilo a 6C7 ou 6189.7 e também ligada a um sistema de anel aromático na outra extremidade. O espetro de IV mostrou uma banda de absorção a 1650,01cm^{-1} , uma evidência de um estiramento de carbonilo entre os sistemas de anéis.

Tabela.9[13] CNMR (DMSO, 75,38MHZ) (ppm) Dados para o composto SS 1-09.

Carbono	6C
C-1	137.9
C-2	128.5
C-3	129.2
C-4	134.5
C-5	129.2
C-6	128.5
C-7	189.7

C-8	121.3
C-9	145.1
C-10	135.2
C-11	128.5
C-12	128.6
C-13	127.9
C-14	128.6
C-15	128.5

Os sinais de[1] HNMR do composto SS 1-11 (apêndice IV) revelaram a presença de um sistema de anéis aromáticos substituídos. O[13] CNMR (CDCl3, 100.57MHZ) (ppm) mostrou a ligação do grupo hidroxilo em 6C 5, 7, 8, 12, 13 e 14 (Tabela 15). O espetro de IV mostrou uma banda de absorção a 1700,06cm^{-1} , uma evidência de um estiramento de carbonilo dentro de um sistema de anel.

Tabela.10[13] CNMR (CDCl3, 100.57MHZ) (ppm) Dados para o composto SS 1-11.

Carbono	ÔC
C-1	176.1
C-2	104.5
C-3	158.8
C-4	94.0
C-5	166.4
C-6	98.3
C-7	161.8
C-8	136.5
C-9	150.2
C-10	121.8
C-11	107.9
C-12	146.1
C-13	135.2
C-14	146.1
C-15	107.9

CONCLUSÃO E RECOMENDAÇÃO

De acordo com os resultados do bioensaio, *a Sterculia setigera* mostrou uma atividade elevada e promissora contra o *Plasmodium falciparum* a 1(.)iig/ml e foi submetida a uma análise cromatográfica adicional para obter compostos puros. Os compostos puros obtidos a partir da análise cromatográfica foram testados contra parasitas da malária que mostraram uma atividade notável.

Recomenda-se a realização de mais ensaios *in vivo*, tais como o teste de citotoxicidade dos compostos puros isolados, e a realização de parâmetros físicos, incluindo espectros COSY, espectros de massa e análise espetral UV, para determinar estruturas padrão para a possível síntese dos compostos puros como medicamentos semi antimaláricos.

REFERÊNCIAS

Aiyelaagbe, O.O., Ajaiyeoba, E.O., Ekundayo,
O.O. (1996). Estudos sobre os óleos de sementes de *Parkia biglobosa* e
Parkia bicolor. *Alimentos vegetais para a nutrição humana,* **49(1),** 229 -
233.
Cimeira da Malária de Abuja (2000): J Div. Dala/ Cimeira da Malária de
Abuja/ Abuja bin.2 doc.

Cimeira Africana para Fazer Recuar o Paludismo (2000): Cimeira sobre
Fazer Recuar o Paludismo Abuja, Nigéria. Abuja Maisum Intbrief 2000
março, 22.

Memória da União Africana (2005): "Unidos contra o Paludismo, juntos
podemos vencer o Paludismo" no Dia Africano de Controlo do Paludismo.
Relatório Mundial sobre o Paludismo.

Almagboul AZ, Bashir AK, Karim A, Farouk A, Salih M. (1988).
Atividade Antimicrobiana de Certas Plantas Sudanesas usadas na Medicina
Folclórica. *Fitoterapia.* 59(5): 393-396.

Busson F., Perisse, J. e Jasger, P. (1959). Determinação cromatográfica de
aminoácidos em sementes de P. *biglobosa. Physiol. Chem,* **3(10),** 1-3.
Dacie JV, Lewis SM (1968) Eds; *Practical Haematology.* Quarta Edição;
Blackwell Publishers USA, Pp. 65-66.

Dalziel JM (1937). *The Useful Plants of West Tropical Africa (As Plantas
Úteis da África Tropical Ocidental).* Crown Agents for Overseas
Government and Administration. Pp. 109.

Devo AA, Groary TG, Davis NL, Johncon JB (1985). Nutritional
Requirements of *P. falciparum* in culture Exegenously Suplied with
dialyzable components necessary for continues growth. *J. Protozoal* 32:
59-64.

El-olemy, M.M (1994). Fitoquímica Experimental. *A Laboratory Manual.*
Riade, Arábia Saudita: King Saud University Press.

Furniss B. S, A. J. Hannaford, P. W. G. Smith, e A. R. Tatchell, (1989);
VOGEL's Textbook of Practical Organic Chemistry. Quinta Edição, Pp.
325362
Governo em Ação. (2005). Relatório da Investigação e Comunicação
Presidencial, Casa do Estado, Abuja.

Hanne IZ, Dan S, Jette C, Lars H, Jorzy WJ. (2000). Ensaio *In-vitro* de *P.
falciparum Agentes Antimicrobianos e Homoterapia,* 42(6): 1441-1446.

Igoli JO, Ogaji OG, Tor. Anyii NTA, Igoli NP. (2005). Práticas medicinais entre o povo Igede da Nigéria. *Afr. J. of Complementary and Alternative Medicine* 2(2).

Joy D, Feng X, Munj. (2003). "Origem inicial e expansão recente do *Plasmodium falciparum"*. *Science* 3000 (5617):31821. PMID 12690197.

Kamaluddeen S.D. (2011). *Atividade antimalárica e caraterização dos extractos da casca do caule de Erythrina senegalensis.* (Tese de mestrado não publicada). Universidade Bayero de Kano, Nigéria.
Kubmarawa D, G. A. Ajoku, N. M. Enwerem e D. A. Okorie. (2007); Rastreio preliminar fitoquímico e antimicrobiano de 50 plantas medicinais da Nigéria.

Kudi AC, Myint SH. (1999). Atividade antiviral de alguns extractos de plantas medicinais da Nigéria. *J. of Ethno pharmacology.* 68: 289-294.

Mohammed ME e Abdelfatah AA. (1994). *Experimental Phytochemistry,* A Laboratory Manual, King Saud University Press, Riyadh. Pp. 3-91.

Mukhtar MD, Bashir M, Arzai AH. (2006). Estudos comparativos *in-vitro* sobre a atividade anti-plasmódica de algumas marcas nigerianas e estrangeiras de formulações orais de cloroquina comercializadas em Kano. *Afr. J. Biotechnology.* 5(24): 2464-2468.

Odunfa, S.A. (1998): Identificação dos microorganismos associados à fermentação do Iru'. *J. Plant Food,* **3(4),** 245-250.
Oluwadara AO e Asagbara EO. (2008). Análise da Biodegradação de Aparas de *Sterculia setigera* (Sterculiaceae) e seus Efeitos na Composição Química Básica da Madeira. *Inter. J. Bot.* 4(4): 461-465.

Ouedraogo M, Konate K, Zert P, Barro L, Sawadogo L. (2013). Análise Fitoquímica e Perfil Antifúngico *in-vitro* de Frações Bioativas de *S. setigera. Curr. Res. J. Bio. Se.* 5(2): 75-80.

Smirth AL. (1978): *Texto sobre Microbiologia e Patologia.* Décima primeira edição. EUA Publicado por CV Mosby Com.

Snow RW, Guerra A, Noor AM, Myint HY, Hay SI. (2005). "A distribuição global de episódios clínicos de malária por *Plasmodium falciparum* Nature" 434 (7030): 214-217.

Soforowa A., (1984). *Medicinal Plants and Traditional Medicine in Africa (Plantas Medicinais e Medicina Tradicional em África).* Nova Iorque, NY: John Wiley and Sons.
Srivastave, S.N., Singh, A., Kapoor, S.L. e Kapoor, L.D. (1969). Survey of Indian Medicinal Plants for Saponins, alkaloids and flavonoids. *Lloydia.* **3(2),** 279 -302.
Steven, M. Colegate e Russell J. Molyneux, (2008). *Bioactive natural products detection, isolation, and structural determination (Deteção, isolamento e determinação estrutural de produtos naturais bioactivos).*

NewYork, NY: Taylor and Francis Group.
Domingo YS e Domingo OA. (2011). Propriedades anti-nociceptivas e anti-inflamatórias do extrato aquoso da folha de *S. setigera Del. J. Pharmacology and Toxicology*. 1(5): 36-41.
Tolu OO, Okunayo RA, Ibukun EA, Peater OF. (2007). Plantas Medicinais Úteis para a Terapia da Malária em Okeigbo, Estado de Ondo, Sudoeste da Nigéria. *Afr. J. Traditional Complementary and Alternative Medicines*. 4(2): 191-198.

Trager W. (1982). *Cultivation of Malaria Parasites (Cultivo de Parasitas da Malária)*, British Mee Bull. 38(2): 129131
Tor-anyiin T. A. , R. Sha'ato & H. O. A. Oluma. (2003). Ethnobotanical Survey of Anti-malarial Medicinal Plants Amongst the Tiv People of Nigeria (Levantamento etnobotânico de plantas medicinais anti-malária entre o povo Tiv da Nigéria). *Journal of Hearbs, Spices & Medicinal Plants*, **10(3)**, 61-74. DOI:10.1300/J044V10n03-07
OMS (2000). *Comunicado de imprensa sobre a Cimeira Africana para Fazer Recuar o Paludismo.*

Relatório Mundial sobre a Malária. (2005). Informação disponível para a OMS e a UNICEF no final de 2004.

Organização Mundial de Saúde (2004): Susceptibility of *Plasmodium falciparum* To Antimalarial Drugs: Report On Global Monitoring.

APÊNDICES
Apêndice I. ¹Espectros HNMR de SS 1-07

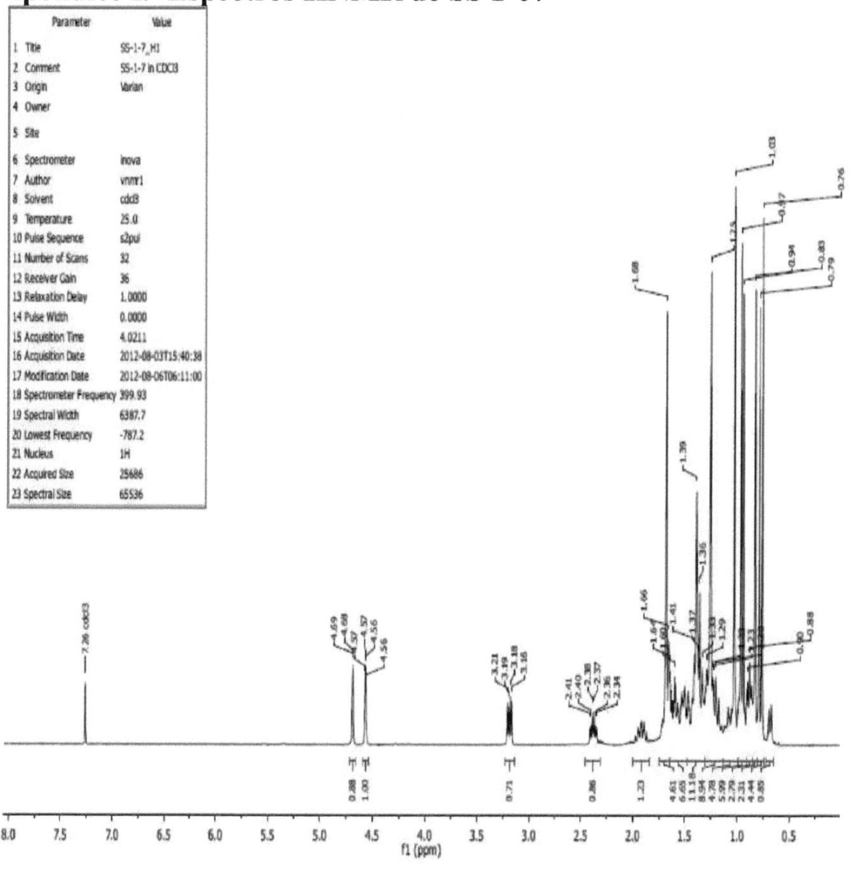

Apêndice II. [13]Espectros de CNMR para SS 1-07

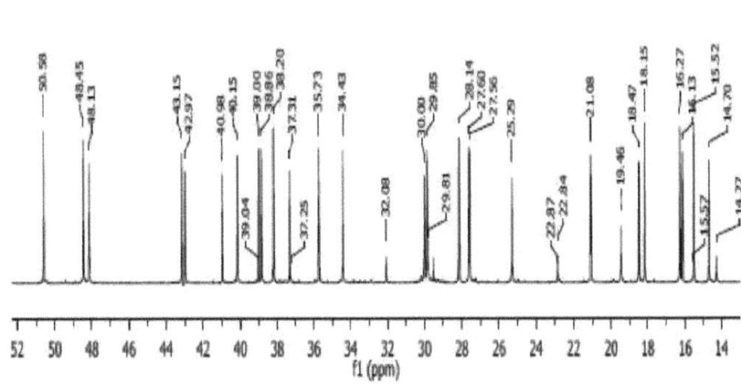

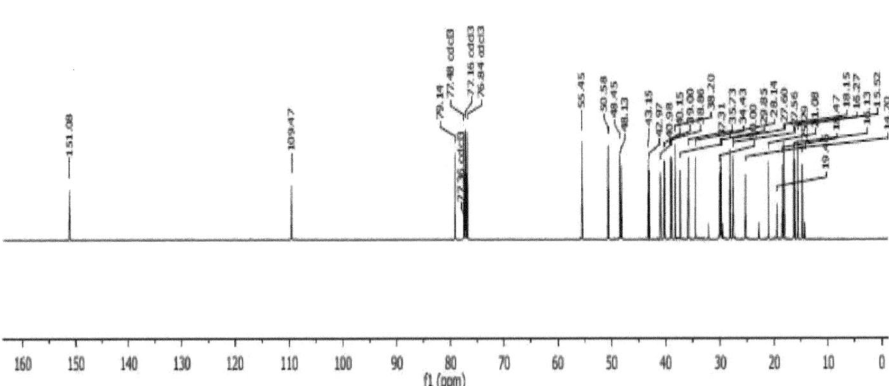

Apêndice III. ¹Espectros HNMR de SS 1-09

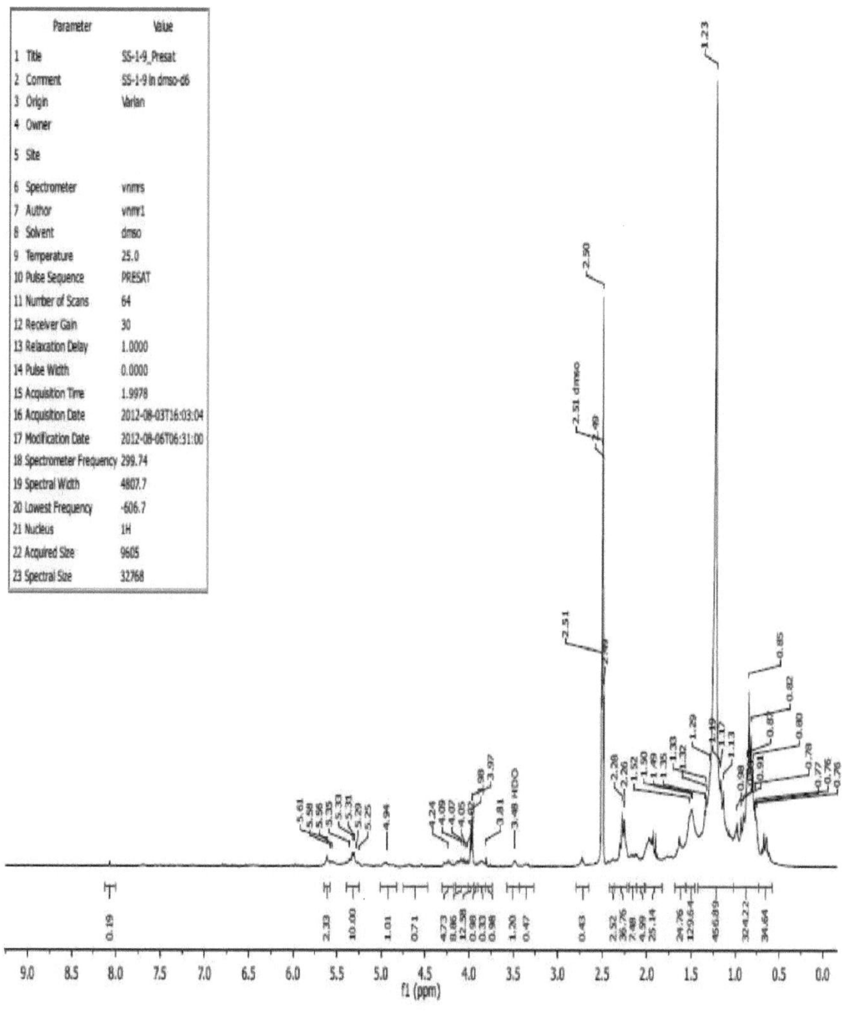

Apêndice IV. Espectros de 13CNMR para SS 1-09

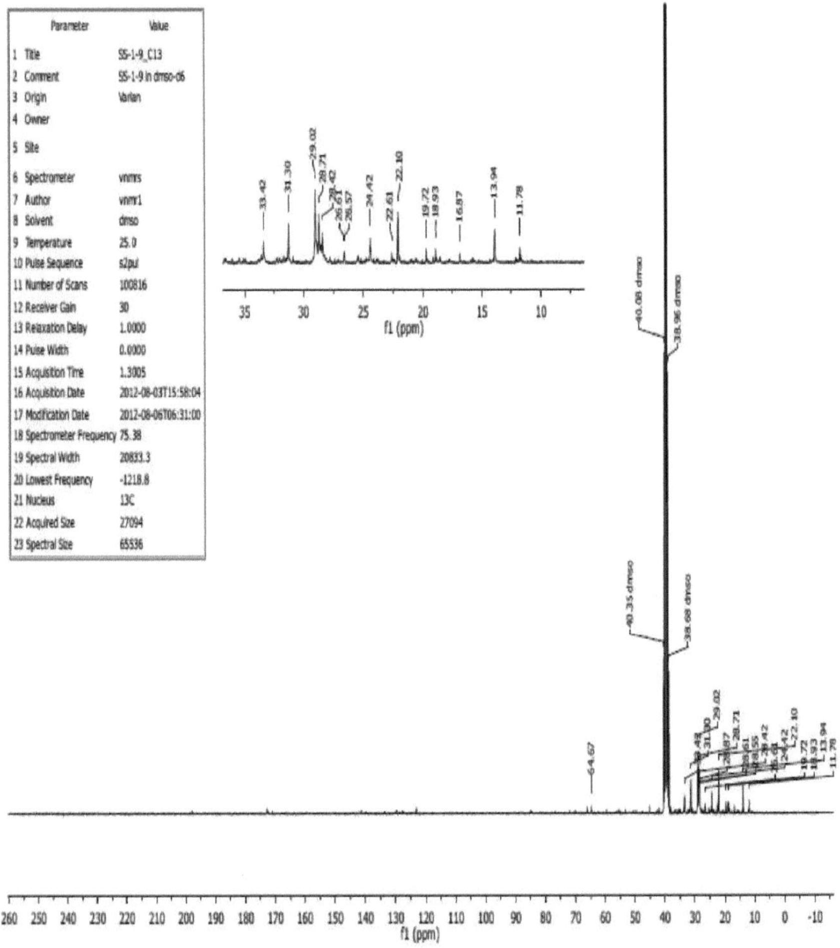

Apêndice V. Espectros de RMN-1 da SS 1-11

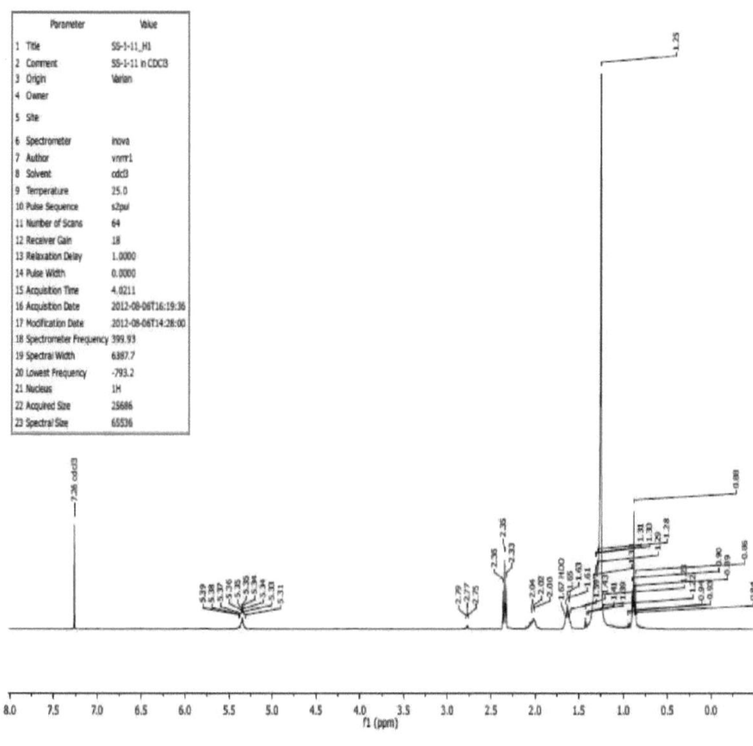

Apêndice VI. Espectros de 13CNMR para SS 1-11

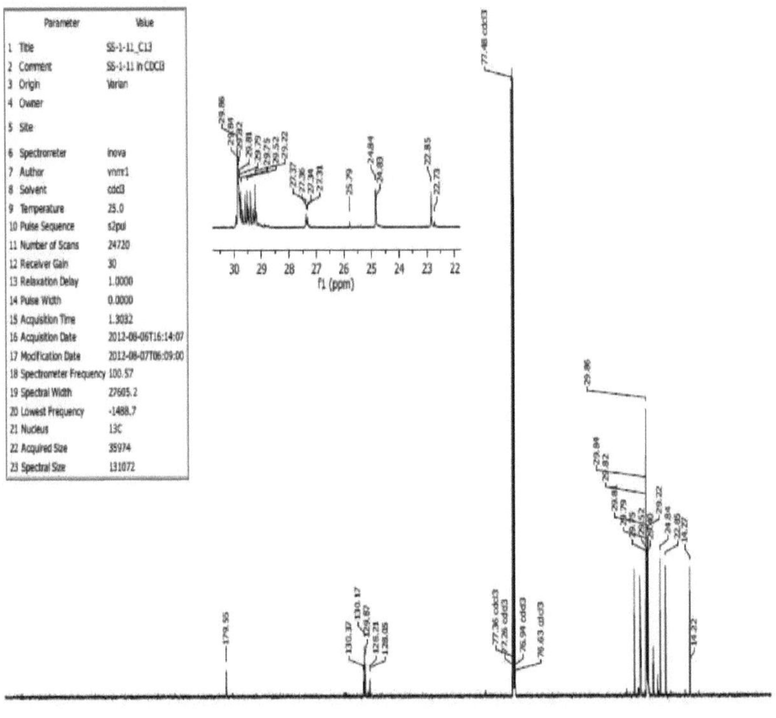

Apêndice VII. Espectros de infravermelhos da SS 1-07

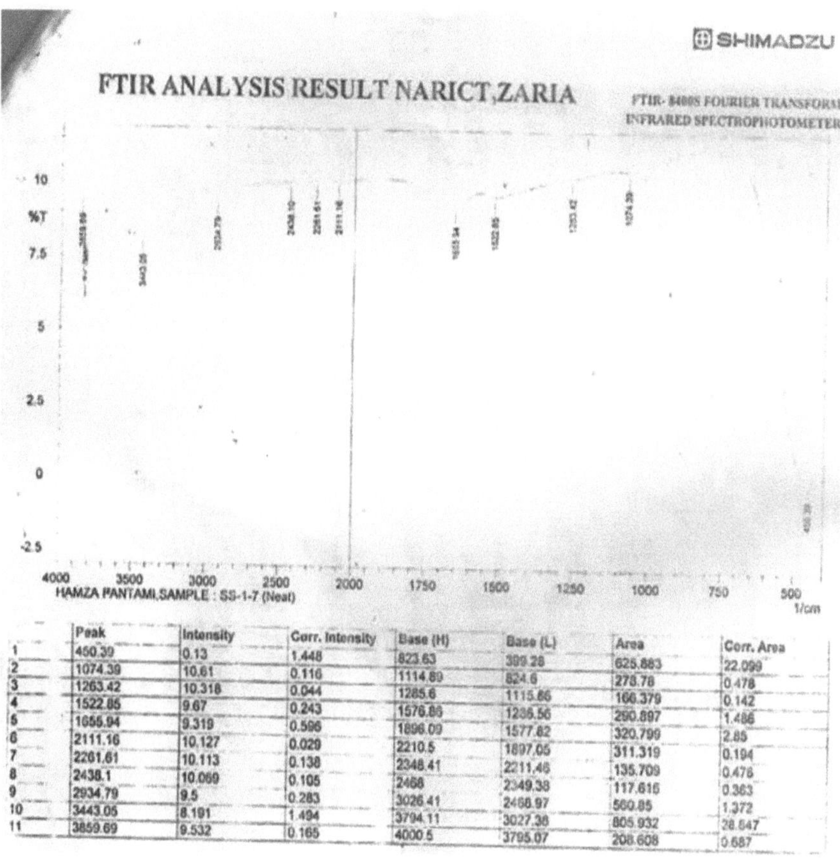

	Peak	Intensity	Corr. Intensity	Base (H)	Base (L)	Area	Corr. Area
1	450.39	0.13	1.448	823.63	399.28	625.883	22.099
2	1074.39	10.61	0.116	1114.89	824.6	278.78	0.478
3	1263.42	10.318	0.044	1285.6	1115.86	166.379	0.142
4	1522.85	9.67	0.243	1576.86	1236.56	290.897	1.486
5	1655.94	9.319	0.596	1896.09	1577.82	320.799	2.85
6	2111.16	10.127	0.029	2210.5	1897.05	311.319	0.194
7	2261.61	10.113	0.138	2348.41	2211.46	135.709	0.478
8	2438.1	10.069	0.105	2468	2349.38	117.616	0.363
9	2934.79	9.5	0.283	3026.41	2468.97	560.85	1.372
10	3443.05	8.191	1.494	3794.11	3027.38	805.932	28.547
11	3859.69	9.532	0.165	4000.5	3795.07	208.608	0.687

Apêndice VIII. Espectros de infravermelhos da SS 1-09

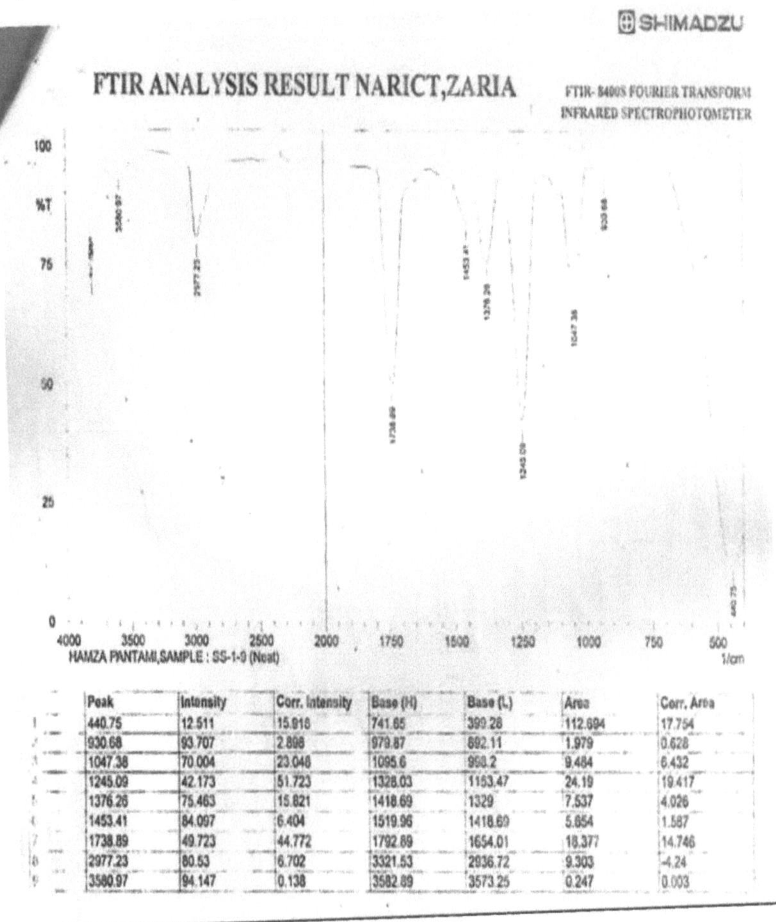

Peak	Intensity	Corr. Intensity	Base (H)	Base (L)	Area	Corr. Area
440.75	12.511	15.918	741.65	399.28	112.694	17.754
930.68	93.707	2.898	979.87	692.11	1.979	0.628
1047.38	70.004	23.048	1095.6	958.2	9.484	6.432
1245.09	42.173	51.723	1328.03	1163.47	24.19	19.417
1376.26	75.463	15.821	1418.69	1329	7.537	4.026
1453.41	84.097	6.404	1519.96	1418.69	5.654	1.587
1738.89	49.723	44.772	1792.89	1654.01	18.377	14.746
2977.23	80.53	6.702	3321.53	2936.72	9.303	-4.24
3580.97	94.147	0.138	3582.89	3573.25	0.247	0.003

Apêndice IX. Espectros de infravermelhos das SS 1-11

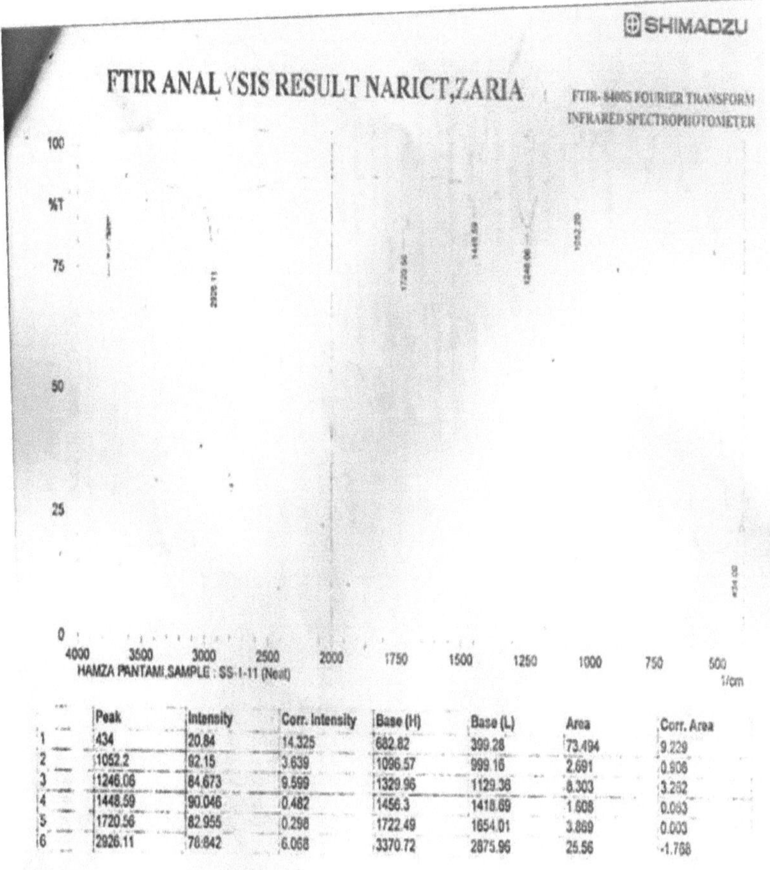

	Peak	Intensity	Corr. Intensity	Base (H)	Base (L)	Area	Corr. Area
1	434	20.84	14.325	682.82	399.28	73.494	9.229
2	1052.2	92.15	3.639	1096.57	999.16	2.691	0.906
3	1246.06	84.673	9.599	1329.96	1129.36	8.303	3.262
4	1448.59	90.046	0.482	1456.3	1418.69	1.608	0.063
5	1720.56	82.955	0.298	1722.49	1654.01	3.869	0.003
6	2926.11	78.842	6.068	3370.72	2875.96	25.56	-1.768

Printed by Books on Demand GmbH, Norderstedt / Germany